AF358844

C.G. Schwartz, d'après Barbier

V

52592

LETTRE CRITIQUE

DE

M.ʳ C. G. S.

A UN AMI EN ANGLETERRE,

SUR

LA ZODIACOMANIE

D'UN JOURNALISTE ANGLAIS,

Avec la traduction de l'article de ce même Journaliste inséré dans le *British Review*, de février 1817, sur la Sphère Caucasienne de C. G. S.

PARIS,

IMPRIMERIE DE MIGNERET,

rue du Dragon, n.º 20.

1817.

LETTRE CRITIQUE

DE

M.ʳ C. G. S.

A UN AMI EN ANGLETERRE.

———————

A Mr. E., à Clifton, Bristol,

Paris, le 1ᵉʳ. avril 1817.

Monsieur,

J'ai reçu la lettre que vous m'avez fait l'honneur de m'écrire, en date du 26 février, par laquelle vous me mandez que je trouverai dans le n.º 17 du *British Review,* une analyse de mes écrits sur la Sphère. M. Galignani ne recevant plus ce journal littéraire, je l'ai fait moi-même venir de Londres. Je m'empresse de vous remercier de toutes vos bontés, et rien ne me serait plus agréable que de trouver l'occasion de vous donner des preuves de ma reconnaissance.

Vous vous trompez, il me semble, quand vous croyez que cet article contribuera à faire connaître à vos compatriotes mes idées sur la Sphère. Le Critique a pris une autre route que moi : il a l'air de me fuir plutôt que de me suivre. J'ai traité de l'origine de la Sphère et de la signification de ses symboles, et il n'en finit pas avec ses divagations sur le Zodiaque. D'ailleurs, j'ai remarqué depuis le commencement jusqu'à la fin de son article, qu'il ne brille pas par la force du raisonnement, et qu'il est peu versé dans l'astronomie , dans l'histoire, dans la géographie et dans l'art du dessin.

Après avoir tourné et retourné ce pauvre Zodiaque de toutes les manières, afin de fixer un sens précis à ces prétendus douze signes, il ne peut trouver d'explication solide, que pour la Balance seule ; mais en vérité ce signe vaut-il tant de recherches pénibles? Le Critique auroit pu le sacrifier avec tout le reste. Faire dépendre toute la renommée des Egyptiens, comme inventeurs de l'astronomie, d'un seul symbole d'équinoxe, ne me paroît pas très-heureux, sur-tout si l'on considère que la différence dans la longueur du jour et de la nuit est peu sensible pendant toute l'année sous une latitude si méridionale. Encore aujourd'hui, dans la Sicile et dans une grande partie de l'Italie, pays beaucoup plus septentrionaux que l'Egypte, on a l'habitude de compter les heures du moment du coucher du soleil (*hora della notte*), comme si le soleil se couchoit toute l'année à la même heure du soir. Chez les anciens Chaldéens, la Balance, ce signe si important aux yeux du Critique, étoit négligé au point d'être exclu du Zodiaque. Servius dit : *Egyptii duodecim esse asserunt signa ; Chaldæi verò undecim , nàm scorpium et libram unum signum accipiunt.* La même chose avoit lieu anciennement chez les Grecs. Hipparque fait dire à Eudoxe, en parlant des colures : *Tertius est circulus in quo fiunt æquinoxia ; in eo positum est Arietis et Chelarum medium.* Hygin dit aussi : *Hic* (scorpius), *propter magnitudinem membrorum in duo signa dividitur, quorum unius effigiem nostri libram dixerunt.* Il résulte de ces citations que plusieurs peuples, situés sous des latitudes plus élevées que celle de l'Egypte, et chez lesquels par conséquent un équinoxe devoit paroître beaucoup plus intéressant , se contentoient d'un Zodiaque où la Balance n'étoit point comptée pour un signe. Et l'application particulière que

le Critique a faite de cette constellation pour indiquer l'é-
quinoxe d'automne, 2,3oo ans avant notre ère, est encore
plus malheureuse, parce qu'à cette époque reculée le
colure des équinoxes ne pouvoit toucher à aucune des
étoiles dont est composé ce symbole.

Si, d'après ces considérations, le Critique étoit d'avis
de renoncer à toute allusion à un calendrier, quand il
s'agit du Zodiaque, je pourrois lui offrir un moyen nouveau pour conserver aux Egyptiens la gloire de l'invention des douze signes. Ce seroit de regarder ces symboles
comme ayant une signification politique. Le *Lion*, le roi
des animaux, exprimeroit le gouvernement monarchique
en Egypte. La *Vierge*, la religion et toute la caste sacer-
dotale, si puissante dans ce pays. La *Balance*, le soin
d'encourager et de protéger le commerce. Le *Scorpion*,
les contributions et les impôts des douanes, dont l'acquit-
tement est en général un devoir désagréable. Le *Sagittaire*, l'armée de terre, qui dans l'antiquité consistoit
principalement en cavalerie. Le *Capricorne à queue de
poisson*, les galères ou forces navales. Le *Verseau*, l'ar-
rosement et l'inondation à défaut de pluie, ce qui formoit
la base de l'agriculture égyptienne. Les *Poissons*, l'en-
couragement de la pêche. Le *Belier*, l'éducation des trou-
peaux de moutons. Le *Taureau*, l'éducation du gros bé-
tail. Les *Gemeaux*, l'accroissement de la population et de
la prospérité publique en observant ces maximes. Et enfin
l'*Ecrevisse*, ce symbole menaçant, exprimeroit la rétro-
gradation et le dépérissement, si ces maximes étoient né-
gligées.

Ce qu'il y a de plus précieux dans cette explication
politique du Zodiaque, c'est que l'on est débarrassé de
tenir compte de la précession des équinoxes, dont l'influence est si importune dans l'établissement d'un calendrier rural au moyen des étoiles; car, dans deux mille
ans, un tel calendrier est dérangé d'un mois entier, ce qui

produit une erreur un peu forte pour être supportée avec indifférence par une nation qui cultive l'astronomie ; et, au contraire, plus un monument politique est ancien, plus il acquiert de droit à notre vénération, et plus on doit le conserver d'âge en âge, et toujours dans le même état.

Quant à mes écrits, ils ne traitent point particulièrement d'opinions plus ou moins extravagantes sur le Zodiaque : je ne fais que combattre de toutes mes forces ce préjugé astronomique. Ce que j'ai principalement en vue, c'est de détruire et de bannir toute idée de Zodiaque, comme également contraire au bon sens et à la véritable nature des figures symboliques dont tous les Zodiaques sont composés. Je suis encore à concevoir comment le Critique a pu s'occuper un seul instant des prétendus douze signes, après avoir solennellement adhéré aux raisonnemens que j'ai avancés, et qu'il répète même de la manière suivante. « *L'auteur observe que les constellations zodiacales sont en plusieurs occasions liées aux extra-zodiacales. Les astérismes qui ont donné les noms aux douze départemens, ne sont pas exactement placés dans l'écliptique. Il y en a qui sont situés au nord et au midi de cette ligne. Il est probable que toutes les constellations, tant zodiacales qu'extra-zodiacales, ne formoient ensemble qu'un système de représentations symboliques. La division duodénaire a dû être postérieure à la configuration des constellations et combinée avec elle, etc.* » Or, quand on a consenti à ces propositions, comment pouvoir maintenir la réalité du Zodiaque ? Il est naturel de supposer que le Critique auroit dû alors entrer avec moi dans l'examen de toute la Sphère ancienne, sans jamais se laisser séduire par les erreurs jusqu'ici débitées sur le Zodiaque. Mais à peine daigne-t-il jeter un seul regard sur la doctrine nouvelle concernant l'origine et la signification de ces symboles énigmatiques. Il n'a besoin d'entrer dans aucun détail minutieux pour découvrir mes innombrables méprises et pour démontrer toutes les fautes de construction dans l'édifice nouveau que j'ai si laborieusement élevé. Il possède un moyen plus expéditif; il souffle, et tout tombe comme un château de cartes. J'ai avancé que la Sphère a été établie dans le 14.e siècle avant notre ère, sous le 40.e degré de latitude ; et mon Critique saisissant un globe céleste, l'ajuste pour cette latitude, et voit que plusieurs constellations anciennes auprès de l'horizon, sur-tout l'Argo et le Centaure, sont *aujourd'hui* en partie invisibles ; que lui faut-il de plus pour rejeter avec mépris tous mes raisonnemens sur la Sphère? J'avoue franchement que je suis presque honteux d'avoir été combattu par un adversaire si peu au fait de la matière qu'il a entrepris de juger. Dans la crainte de quelque méprise de la part des lecteurs peu versés dans l'astronomie, j'avais fait graver et joindre à mes écrits un planisphère qui indique les deux horizons sous le 40.e degré, savoir : celui pour le 14.e siècle avant notre ère, et celui du siècle actuel. Ce planisphère a été approuvé par plusieurs savans, sur-tout par M. Bode, le plus grand astronome vivant de l'Allemagne, et qui est lui-même éditeur d'un nouvel *Atlas céleste.* (Voyez *l'Annuaire de M. Bode* pour l'année 1812, imprimée à Berlin en 1809.) On peut se convaincre par l'inspection des figures de ce planisphère que le Centaure était parfaitement visible sous le 40.e degré de latitude, 1,400 ans avant notre ère. Quant à l'Argo, il était dessiné par l'auteur de la Sphère comme un navire dans l'eau, la partie inférieure étant censée cachée par l'horizon. L'étoile de Canope n'appartenait point alors à cette constellation. Elle est marquée dans le planisphère, et sa place au-dessous de l'horizon y est indiquée. Un passage de Strabon concernant cette étoile a été copié, où cet auteur confirme que le Canope est d'une date très-récente. Le témoignage des livres sacrés des Hindous n'a pas été oublié non plus, désignant cette étoile par la dénomination de *nouvelle*. Tant de peines et tant de précautions ont été perdues pour mon Critique. Il s'est réglé, comme un écolier, sur le premier globe moderne qu'il a trouvé sous sa main, et il a prononcé ma condamnation, ou plutôt la sienne. Mais quand on n'est pas instruit, et quand on ne sait pas lire un livre, on devrait au moins être plus modeste. C'est bien ici l'occasion de dire de ce journaliste, qu'il serait difficile d'en rencontrer *un plus confiant et plus gaîment présomptueux, ou plus enflé d'une vaine espérance* de ridiculiser quelques idées nouvelles. En m'exprimant ainsi, je ne fais que lui renvoyer une petite partie des gentillesses qu'il m'a prodigué dans son article.

A propos de planisphère, il faut que je vous fasse une confidence. Après plusieurs années de recherches infructueuses sur la signification des symboles de la Sphère, je suis tombé enfin sur l'explication géographique en rapport avec les Régions Caucasiennes. Alors il fut facile de couper notre Sphère au 4o.e degré de latitude à l'époque du 14.e siècle avant notre ère. Sans cette découverte de la véritable signification des symboles, l'extension de l'Eridan et du corps du Navire y aurait apporté un obstacle insurmontable. Ce fut donc l'explication des figures qui me mit en état de faire mon planisphère. Ainsi, l'une sert à prouver l'autre : et tous les deux reposent à présent sur des bases inébranlables.

La signification des symboles de la sphère primitive se rapportant donc aux Régions du Caucase, je me suis cru autorisé à désigner cette sphère par le nom de *Caucasienne*. Ce mot a sonné singulièrement mal aux oreilles du Critique. Il auroit peut-être consenti à la fixation de la latitude au 4o.e degré, si j'avais attribué l'invention de la Sphère à l'Asie mineure ou même à l'Italie; mais regarder un des habitans près du Caucase et de la

mer Caspienne comme auteur de cette ingénieuse composition, lui paraît si extravagant, qu'à l'entendre, *le
plus crédule des hommes ne pourra jamais consentir à
cette proposition.* Il va même si loin dans son indignation,
qu'il appelle les peuples qui habitent près du Caucase,
des *Cannibales.* Vous devez trouver, Monsieur, comme
moi, que le Critique est tombé ici dans une grande con-
tradiction avec lui-même; car, après avoir cherché plusieurs fois l'occasion d'adresser des reproches à des savans
Français qui ont favorisé quelques opinions contraires à
nos livres sacrés, il lui prend aussi la fantaisie de me
blâmer dans une circonstance où je suis d'accord avec
l'historien Hébreu. Moyse dit que l'Arche s'arrêta sur
le mont Ararat, et que Noë planta la vigne en sortant de
l'Arche, par conséquent dans le voisinage de ce même
Ararat. (Cette montagne est symbolisée par la lyre et
marquée sur la carte qui accompagne mon ouvrage).
Les interprètes du Pentateuque ont nommé parmi les
fleuves du paradis, ceux qui tirent leur source du mont
Caucase. Voilà donc que l'Ecriture Sainte elle-même nous
a signalé les régions du Caucase, tout en gardant le
silence sur l'ancienneté de l'Egypte, à laquelle le Critique attache tant d'importance. Si, d'un autre côté, je
consulte la mythologie, elle me montre le trop fameux
Jupiter en relation avec le Caucase. C'est sur cette montagne qu'il combattit Typhon; c'est du Caucase qu'il
précipita Saturne dans le Tartare; et c'est aussi sur le
haut du Caucase que Prométhée fut enchaîné d'après ses
ordres. C'est vers la Colchide, auprès du mont Caucase,
que se dirigea l'ancienne expédition des Argonautes, etc.
Tous les historiens du commerce maritime font mention
des anciennes relations entre l'Inde et l'Albanie près du
Caucase, en traversant la mer Caspienne. Pompée, dans
la poursuite de Mithridate, rencontra dans cette même
Albanie une armée de 60,000 fantassins et de 12,000 ca-

valiers. A Derbent , ville d'Albanie , il existe encore des restes d'épaisses murailles , construites autrefois dans l'intention d'arrêter les incursions des Tâtars du Nord; et il exista d'autres remparts de cette espèce dans divers endroits du Caucase, assez semblables à la grande muraille de la Chine. Cicéron qui, en qualité de Proconsul dans l'Asie-Mineure , devait connaître les peuples des environs du Caucase, pour le moins aussi bien que le Critique, s'exprime ainsi : *Et eos qui ex Caucaso cœli signa servantes , numeris et motibus stellarum cursus persequuntur.* Un célèbre poëte Persan a chanté la magnificence d'un château des anciens rois de Perse , situé dans la province de Chirvan ; le mot même de *Chirvan*, (l'ancienne Albanie) , signifie un pays de lait. Cette province, ainsi que la Georgie et l'Arménie, offrent toutes les trois, suivant des voyageurs modernes, des sites les plus pittoresques et des vues les plus ravissantes. La transparence de l'air est telle, dans la haute Perse, qu'on y peut lire à la clarté des étoiles, circonstance singulièrement favorable pour des observations astronomiques. On trouve dans la description de Bieberstein (dont une bonne partie a été rapportée dans mon Mémoire explicatif), une longue énumération des productions naturelles dans les régions du Caucase, qui n'appartiennent qu'au climat le plus heureux de la terre. Les naturalistes qui ont divisé l'espèce humaine en différentes races, donnent le nom de *race Caucasienne* à la plus belle, c'est-à-dire, à celle de l'Europe.

En voilà assez, je pense, pour prouver que, même historiquement parlant, il n'y a rien qui s'oppose à pouvoir attribuer la Sphère à une nation auprès du Caucase, indépendamment de la signification de ses symboles qui le démontre évidemment. Et quand nous savons que les Chinois et les Birmans ont des Sphères particulières établies depuis long-temps dans leurs pays, sans cependant que ces peuples aient jamais passé pour avoir fait de grands progrès en astronomie, rien n'empêche, ce me semble, de reconnoître que les anciens habitans des fertiles régions auprès du Caucase, n'aient pu en avoir composé une pour leur usage particulier.

Comme le Critique ne rêve que Cannibales auprès du Caucase, je ne suis pas étonné de son aversion à examiner la nature des symboles géographiques de la Sphère. Dès-lors aucune expression ne devoit être trop forte, pour faire sentir combien il abhorroit ce sujet. Avouez, Monsieur, qu'il se sert de termes assez modérés, quand il dit, que ma doctrine sur les constellations *n'a pas même le mérité d'un paradoxe frappant et absurde.* Mais mon Critique étant le seul qui possède ces profondes connoissances sur les Régions du Caucase, je crois bon d'observer que la composition d'une Sphère, dont les figures sont censées faire des allusions à la géographie, n'est pas une chose bien extraordinaire. Les Sphères des deux peuples, que je viens de nommer en présentent l'exemple. Freret dit des constellations Chinoises ce qui suit : « Les noms » des constellations Chinoises sont en général relatifs aux » dignités, aux emplois et aux magistratures de l'Empire. » Quelques-unes portent les noms des provinces, des » montagnes, des rivières et des villes de la Chine, etc. » (*Mémoires de l'Acad. des Inscript., tom. XVIII, pag.* 271). Et quant à la sphère des Birmans, vous trouverez dans le 6.e volume des *Recherches asiatiques,* que sur soixante-huit constellations qui la composent, presque toutes sont imaginées comme symboles de royaumes, de provinces et de villes.

Le Critique, pour soutenir les droits des Egyptiens comme auteurs de l'astronomie, ne peut produire qu'une répétition affectée et ridicule de douze lambeaux de constellations, dont la véritable forme et la véritable place dans le ciel ne sont indiquées que dans la seule

(12)

Sphère Caucasienne. Il faut en tirer une toute autre conclusion que celle de ce critique. Au lieu de préconiser le mérite des Egyptiens, on doit les blâmer d'avoir si horriblement mutilé et déchiré la composition ingénieuse des constellations géographiques de la sphère primitive.

Je dis avec raison que, par l'invention du Zodiaque, toute la Sphère a été mutilée et déchirée. Il est facile de s'en convaincre, quand on examine attentivement les groupes qui renferment le *Scorpion*, le *Verseau* et les *Poissons*. Au Scorpion est réuni le *Serpentaire*; au Verseau, *Pégase et le Poisson austral*; et aux Poissons, la *Baleine et l'Eridan*. Ces groupes sont composés de symboles inséparablement liés ensemble, et cette circonstance est extrêmement heureuse, pour prouver la signification géographique des constellations. Certes, sans l'explication détaillée, qui, dans les *Recherches asiatiques*, accompagne les symboles géographiques de la Sphère des Birmans, il seroit impossible de deviner leur signification, parce qu'ils sont tous des figures isolées, sans aucune trace d'arrangement systématique. Il n'existe point de dictionnaire pour le langage symbolique. Toute figure placée isolément peut avoir plusieurs sens, car deux ou trois différentes qualités de chaque objet ou de chaque figure d'animal employés dans une composition allégorique, ne permettent pas de deviner avec précision l'intention du dessinateur. Par conséquent si la Sphère Caucasienne n'étoit composée que de symboles isolés, on pourroit, malgré sa régularité systématique, rester encore dans le doute sur leur signification géographique. Les explications mythologiques auroient pu séduire; car quoiqu'une fable extravagante ne soit pas un argument et se réfute elle-même, cependant c'est une espèce de témoignage historique qui, dans l'absence de toute autre preuve, auroit pu valoir quelque chose. Si réellement la Sphère ne contenoit aucun groupé, on auroit donc pu, avec quelque raison, exiger de celui qui veut se charger d'expliquer ses symboles, de produire l'explication de l'auteur lui-même, ou au moins de s'appuyer sur quelques témoignages de l'antiquité. Mais cette Sphère contient plusieurs groupes, par conséquent tous les obstacles sont vaincus, tous les doutes sont éclaircis ; elle s'explique elle-même, quant au principe général, comme si nous possédions les notes originales de celui qui l'a composée. On dira donc avec assurance aux partisans du Zodiaque, que les groupes où se trouvent le scorpion, le verseau et les poissons, ont été indignement mutilés, et qu'ainsi aucun Zodiaque ne mérite la moindre attention. On dira à ceux qui voudront chercher des témoignages de la mythologie pour expliquer les constellations, que les compositeurs des fables n'ayant pas pris garde au groupement de plusieurs figures, mais les considérant toutes comme des dessins isolés, ont trahi la plus grande ignorance des règles de l'art du dessin. On leur objectera en outre qu'il se présente une foule de difficultés insolubles, quand il s'agit de l'application des fables aux constellations. En effet, on trouve plus d'une demi-douzaine de fables différentes sur chaque symbole astronomique : à laquelle faut-il alors s'attacher de préférence ? Quelle fable est la plus ancienne ou la plus vraie ? Les fables, non-seulement se taisent sur les liaisons entre plusieurs symboles, mais elles ne sont pas en harmonie avec le dessin des constellations, sous bien d'autres rapports ; elles ne donnent aucun éclaircissement sur la cause pour laquelle plusieurs symboles sont dans une position renversée, et pour laquelle on a retranché la moitié du corps du Taureau et du Pégase ; elles établissent des liaisons là où il n'en existe point dans la Sphère, comme entre la Baleine, Persée et Andromède ; elles dénaturent quelques-uns des dessins primitifs : par exemple, l'homme placé au-dessus du Serpentaire qui, dans les plus anciennes descriptions de la Sphère porte le nom d'Engonasis, d'Ingeniculus, indiquant par sa posture (il est à genou et il étend les deux mains vers le ciel), qu'il est dans une situation périlleuse, a été sottement transformé par les Mythographes en un demi-dieu, en Hercule revêtu de la peau d'un lion et armé d'une massue. Et cette erreur grossière a été propagée jusqu'à nos jours dans tous les planisphères. Ce nom d'Hercule donné à la constellation de l'Agenouillé, tandis qu'Eudoxe et Arate ne lui en donnent aucun, et ces changemens arbitraires dans le dessin de ce symbole, sont des méprises si choquantes, qu'elles n'auraient pas dû échapper aux Astronomes modernes qui ont concouru à la rédaction des cartes de nos globes célestes.

La manière dont procèdent les Partisans du Zodiaque est sur-tout très-amusante. Pourvu que l'on adopte que les douze signes sont des emblêmes qui composent un ancien calendrier rural, on peut, pour les autres figures de la Sphère, choisir dans toute la mythologie ce que l'on croit convenir le mieux, suivant le goût de chacun. Cependant, pourquoi le *Bélier* n'est-il plus l'animal qui conduisit Phrixus à travers l'Hellespont? Pourquoi le *Taureau* n'est-il plus celui qui porta Europe en Crète? Pourquoi les *Gémeaux* ne sont-ils plus les fils de Jupiter, Castor et Pollux, divinités tutélaires des navigateurs? Pourquoi le *Cancer* n'est-il plus celui qui sortit des marais de Lerne? Pourquoi le *Lion* n'est-il plus celui de Nemée, dont la défaite fut le premier des douze travaux d'Hercule? Pourquoi la *Vierge* n'est-elle plus la fille de Jupiter et de Thémis? Pourquoi la *Balance* n'est-elle plus l'emblême de la justice entre les mains de la Vierge? Pourquoi le *Scorpion* n'est-il plus celui qui haïssait si fort Orion? Pourquoi le *Sagittaire* n'est-il plus le fils du Pan et d'Euphemé, et frère de lait des Muses? Pourquoi le *Capricorne* n'est-il plus celui qui fut nourri avec Jupiter par la Chèvre sa mère? Pourquoi le *Verseau* n'est-il plus Ganimède, fils de Tros et de Callirhoé, et échanson des Dieux? Pourquoi les *Poissons* ne sont-ils plus ceux du fleuve d'Euphrate, qui roulèrent un gros œuf sur le rivage, d'où sortit Vénus? Tout cela ne se présente aux yeux des partisans du Zodiaque que comme des puérilités auxquelles il ne faut pas faire attention, et ils nous enseignent gravement que nous devons voir dans le *Scorpion* un signe de calendrier qui répond à un mois où règnent des maladies, et dans le *Verseau* et dans les *Poissons* deux symboles qui expriment deux mois de pluie et d'inondation. Quant aux autres figures qui sont étroitement liées avec les trois signes d'un calendrier rural, ils permettent d'adopter pour elles telle signification que l'on voudra, dans la mythologie, établissant ainsi deux principes d'explication pour plusieurs symboles qui font parties intégrantes et inséparables d'un même groupe, méthode inadmissible et contraire aux règles les plus simples des compositions allégoriques et de leur explication. C'est ainsi que les Partisans du Zodiaque ne s'aperçoivent pas combien on doit être choqué d'un si mauvais expédient pour éluder les difficultés que présentent l'enchaînement et la concordance des symboles astronomiques, et combien il est insuffisant de se contenter d'avoir assigné, *à force de déchirer plusieurs groupes*, un sens quelconque à une douzaine de figures, quand toute la composition allégorique en renferme plus de cinquante, dans l'invention et dans l'emploi desquelles il est impardonnable de ne pas reconnoître un même esprit et un même but.

La mythologie renversée, le Zodiaque détruit, et parmi la foule de renseignemens que nous possédons sur la Sphère, ne pouvant en admettre aucun, il est clair que le champ est libre. Chacun peut donc proposer et adopter toutes les idées et toutes les conjectures probables sur son origine, et sur la nature des anciennes constellations.

Si on le veut, je consens moi-même à ne plus assigner pour sa patrie les provinces qui avoisinent le Caucase; je renonce à toute explication géographique pour les constellations ; je sacrifie de bon cœur le fruit de plusieurs années de recherches. Il est difficile, je pense, de montrer plus de désintéressement et un plus grand desir de voir enfin paroître sur la Sphère quelques éclaircissemens un peu plus satisfaisans que toutes les explications étymologiques, que tous les raisonnemens faux, que toutes les allusions mythologiques, que toutes les traditions incohérentes dont on veut que nous nous contentions; mais du moins au nom des sciences, des arts et du respect que l'on doit à tout ce qui porte l'empreinte du génie, si nous ne pouvons trouver ni la patrie, ni l'explication de ce monument précieux, que ce ne soit pas une raison pour le MORCELER, NI POUR DÉNATURER SA COMPOSITION ET L'ARRANGEMENT INGÉNIEUX DE TOUS SES SYMBOLES ÉNIGMATIQUES. Sachons apprécier à leur juste valeur les mensonges astrologiques de l'antiquité sur un petit nombre de constellations qui, dans cette sphère comme dans toute autre, doivent nécessairement se trouver près de l'écliptique ; et n'oublions pas que le nom de *Maisons du Soleil*, n'est qu'un piège grossier tendu à la crédulité et à la légèreté, pour dérober au vulgaire le vrai sens de ces symboles, et pour transformer en une énigme impénétrable tout ce qu'expriment la masse et les liaisons des figures de la Sphère. Défions-nous sur-tout des efforts que l'on fait pour établir un calendrier rural dont l'invention est attribuée, en dépit du bon sens, à des pâtres et à des laboureurs; n'est-ce pas en effet trahir la plus grande ignorance des difficultés que présentent les préparatifs et les procédés indispensables à la composition d'une Sphère qui renferme des constellations formées de 20, de 30, de 40 étoiles, et quelquefois même d'un plus grand nombre? N'est-ce pas trahir l'ignorance des difficultés que présente l'observation de la marche du soleil

dans l'écliptique, sans le secours d'un globe céleste ?
N'est-ce pas enfin ne pas prendre garde que le choix et
la position de chaque symbole et son application à la
voûte étoilée, étant entièrement arbitraires, il n'y a
qu'un seul et même homme, et un homme de génie, qui
ait pu inventer une sphère de cette espèce, et en coor-
donner *systématiquement* toutes les parties ? (La tête de
la grande Ourse, tournée dans le même sens que celle
du Lion, et la place qu'occupe ce symbole, de sorte que
la première ligne de distribution traverse juste le milieu
de son corps, est, entre une foule d'autres preuves qui ne
laissent aucun doute sur les vues systématiques de l'auteur, la plus convaincante ; car il a fallu, pour atteindre
ces deux buts, renfermer trois des plus belles étoiles du
ciel, dans une queue jusqu'ici inconnue pour cette espèce
d'animal).

Quant à moi, je ne demande, pour prix du sacrifice de
toutes mes idées sur la sphère, qu'une foible grace ; c'est
qu'on veuille bien proposer une explication vraisemblable
des groupes du *Scorpion*, du *Verseau* et des *Poïssons*,
sans aucun rapport à la géographie. Mais en attendant
cette explication, je me vois forcé à regret, de faire signifier au premier groupe, composé *d'un Scorpion et d'un
homme qui se balance sur un Serpent, qu'il retient de
ses deux mains*, un endroit où se trouvent des bains
propres à guérir les éruptions cutanées ; au second groupe,
composé *d'un homme en repos versant de l'eau d'un vase,
formant un ruisseau qui tombe dans la bouche d'un poisson ; et d'un cheval renversé, armé d'aîles, courant de
toutes ses forces, dont la tête est appuyée sur la main
de cet homme, et dont la moitié du corps est cachée par
un rocher* (*), le cours tranquille d'un fleuve et le chan-

(*) . . . . . . *Medioque è vulnere saxi
Exiluisse ferum* (Pegase).

Métam., lib. VI.

2

gement dans son état ordinaire, par suite de causes qui agissent avec une grande impétuosité, le Cheval et ses attributs indiquant ainsi une inondation subite qui vient des hautes régions hérissées de rochers (la position renversée d'un symbole fait toujours allusion, dans la Sphère Caucasienne, à une situation élevée); au troisième groupe, composé de *deux poissons, attaché au col d'un monstre marin, de la poitrine duquel sortent deux bras de rivière*, plusieurs torrens et rivières se réunissant à un grand fleuve, qui par son débordement, crée lui-même des plages d'eau des deux côtés de ses bords. En effet, quand je considère la place qu'occupent ces groupes dans la Sphère et la manière dont ils sont dessinés, je crois que nous attendrons en vain une explication plus satisfaisante. En outre, si la signification de ces groupes se lie parfaitement à l'explication qui a été donnée à toute la masse des autres figures isolées, auxquelles plus d'un sens pou voit être appliqué, ne s'établit-il pas une forte probabilité en faveur de l'interprétation géographique de toutes les anciennes constellations? Et si l'explication géographique se rapporte à une des plus hautes montagnes du globe et à d'autres situations remarquables dans trois provinces contiguës, comme il n'est pas probable qu'aucun autre terrain de la même étendue, présente le même aspect et les mêmes objets topographiques, dans la même succession, sur-tout sous les mêmes degrés de latitude, n'est-il pas présumable que les régions indiquées sont celles qui ont été représentées par les dessins symboliques des constellations ?

Voilà comment, sans avoir recours au manuscrit autographe de l'auteur de la Sphère, manuscrit sans doute perdu à jamais, ni aux témoignages de l'antiquité, on peut démontrer par un examen attentif de toutes les parties de ces dessins; 1.º *que l'explication géographique est seule raisonnable et véritable*; 2.º *qu'aucune autre contrée n'a plus de titres que les régions du Caucase, à l'entière Application de tous les symboles de la Sphère.*

D'après ces courtes observations, vous partagez sans doute, Monsieur, mes regrets de voir que mes écrits ont été si mal compris par la personne qui s'est chargée d'en faire une analyse dans le *British Review* ; d'autant plus qu'il se trouve à Londres un si grand nombre de savans qu'il auroit pu consulter avant de trahir son incapacité avec tant d'éclat. Mais si à leurs yeux il restoit encore des doutes sur la vérité de la nouvelle manière d'envisager la Sphère, ne pourroit-on pas faire la proposition suivante? Que l'on convoque de toutes les parties de l'Empire Britannique, une assemblée composée des antiquaires les plus célèbres, des connoisseurs les plus profonds dans les beaux-arts, et les plus habiles compositeurs de décorations allégoriques; qu'on leur présente un globe sans figures, où soient marquées les étoiles que renferment nos anciennes constellations, avec douze lignes de distribution partant du pôle de l'écliptique et du solstice d'été, le tout en harmonie avec l'état du ciel dans le 14.e siècle avant notre ère, et le 40.e degré de latitude ; que l'on fournisse à cette assemblée des cartes géographiques, accompagnées des descriptions les plus détaillées sur les régions que j'ai indiquées dans mon ouvrage, sur la mer Caspienne, sur le Caucase, sur le Chirvan, sur la Georgie et sur l'Arménie ; qu'alors cette réunion d'hommes éclairés emploient des figures allégoriques, représentant les objets géographiques de ces pays, pour en dessiner des constellations, en leur accordant la faculté de faire usage des anciens symboles, ou bien de substituer d'autres à leur place, et je suis convaincu qu'après les plus longues discussions, on reviendra vers le dessin, et l'ordonnance de la Sphère Caucasienne ; et ainsi l'auteur de cette sphère sera pleinement justifié dans le choix qu'il a fait de tous les symboles employés.

Il me semble que tous les Astronomes sont vivement

2..

intéressés à ce qu'on fasse une telle épreuve ; car ils doivent ardemment souhaiter de pouvoir se débarrasser de tout ce fatras fabuleux qui dépare les livres d'Astronomie en Europe. On aura alors, sous ce rapport, au moins l'avantage de n'être plus au-dessous des Chinois. Fréret dit plus bas, dans le passage cité sur les Constellations Chinoises ; « qu'il y en a fort peu qui aient rapport aux fables des » Tao-ssé et des Mythologues, parce que la secte dominante » a toujours regardé avec mépris ces sortes de fables, et » qu'elle auroit cru profaner la science, si elle les avoit » mêlées avec les connoissances sérieuses et solides. »

Quoi qu'il en soit, il est impossible que le Zodiaque n'éprouve pas bientôt en Astronomie le même sort que la pierre philosophale en chimie. On se moquera autant de l'un que de l'autre. N'est-il pas pénible de voir que tandis que le soleil, à l'équinoxe du printemps, dans le siècle de la confection de la Sphère, répondoit à la constellation du Taureau, le Zodiaque ne commence que par le signe du Bélier, environ 400 ans seulement avant notre ère ? Ainsi, tout en prétendant que l'invention du Zodiaque se perd dans la nuit des siècles, on détruit sa véritable ancienneté par la fixation du premier signe à une date comparativement récente ? Ce sont là des contradictions qui auroient dû sauter aux yeux de tout le monde, long-temps avant que la nature de la Sphère Caucasienne fût découverte, et sa véritable époque fixée avec précision. Il faut avouer que les Partisans du Zodiaque ne s'embarrassent guère des contradictions. Ils recherchent avec avidité les Zodiaques de l'Egypte, et les emploient comme une autorité irrécusable, quoique tous ces Zodiaques commencent par le *Lion* qui répondoit au solstice d'été, d'accord avec l'origine de la Sphère, il y a 3,200 ans ; mais pour trouver quelques misérables allusions aux travaux des champs, ils sont forcés d'abandonner les dessins du Zodiaque Egyptien, afin de pouvoir commencer par le *Bélier.* C'est ainsi que, peu d'accord avec eux-mêmes, ils sacrifient l'autorité des véritables anciens monumens pour courir après des rapports imaginaires entre ces prétendus symboles et un calendrier rural. En vérité on sera désormais tout étonné, en pensant qu'un préjugé aussi pitoyable a pu se maintenir si long-temps parmi des hommes justement célèbres en Astronomie. Espérons donc qu'on sentira généralement que, par rapport au Zodiaque, si d'un côté personne n'est strictement obligé d'admettre telle interprétation que ce soit d'un symbole quelconque, même la mieux fondée, d'un autre côté, il ne doit point être permis aux hommes éclairés de défendre et de propager une opinion dont la fausseté est évidemment démontrée. Si à l'avenir on veut absolument avoir une série de figures qui servent à nommer une division de l'écliptique en douze parties égales, que l'on forme cette série avec des constellations nouvelles, car c'est à tort qu'on prétend qu'une telle division a jamais existé dans l'antiquité.

Je m'occupe dans ce moment d'un *Essai sur quelques Divinités du Paganisme*. J'établis que, sous des noms différens, elles se rapportent à quelques symboles de la Sphère Caucasienne. Les sept planètes, reconnues dans l'antiquité, ont été adaptées à sept symboles de la sphère, le long de la première ligne de distribution ; savoir, au Dragon, à la petite et à la grande Ourse, au Lion, à l'Hydre, au Navire, en y ajoutant le Grand Chien pour compléter le nombre de sept. La conjonction de toutes les planètes est aux yeux de l'Astronomie une chose presque impossible ; mais on trouve dans les livres des Chinois et des Hindous des traces qui indiquent que cela est arrivé, sans aucun doute, en allusion à la distribution dont je viens de parler ; distribution astrologique qui a fourni un moyen facile dans l'antiquité, pour appliquer certaines qualités physiques et morales à chacun des dieux planétaires, d'après sa coïncidence avec tel ou tel symbole de la Sphère. On peut placer en tête la planète dont la révolution est la

plus longue, Saturne; ou bien celle dont la révolution est
la plus courte, la Lune, ou même de quelques autres manières. Dans tous les cas, le Dieu qui dans cette distribution correspondra au symbole de la Petite Ourse, qui
renferme l'étoile polaire, tiendra un rang distingué. Ainsi,
en commençant par Saturne, c'est Jupiter (ou Osiris,
ou Vishnou) qui sera le dieu le plus important; et en
commençant par la Lune, ce sera Mercure, synonime de
Thot et de Boudha, ce dernier si fameux chez plusieurs
nations de l'Asie. Les fréquentes allusions que l'on rencontre dans la mythologie de tous les anciens peuples, à
une haute montagne, séjour des Dieux, sont toutes fondées sur les rapports entre le mont Caucase et les symboles qui le représentent, le Dragon et les deux Ourses.
Il sera ainsi facile de prouver qu'il est littéralement vrai
que toutes les divinités ont réellement l'origine énigma-
tique qui est si souvent indiquée dans la mythologie
grecque, savoir, d'être nées du ciel et de la terre.

Cette nouvelle doctrine sur la Mythologie peut servir
de contre-épreuve s'il est nécessaire, et ne laisse aucun
doute que l'explication géographique des anciennes constellations ne soit véritable. Et comme dans la haute antiquité, la Sphère Caucasienne a été adoptée chez plusieurs
peuples, et la signification de ses figures symboliques
connue des philosophes et des législateurs, on voit la raison de cette singulière concordance qui existe dans l'esprit
des religions et des fables de presque toutes les nations,
malgré la grande diversité dans les dénominations et dans
les cérémonies.

Quand mes recherches sur la Mythologie seront impri-
mées, je me ferai un vrai plaisir de vous en envoyer un
exemplaire.

J'ai l'honneur d'être, etc.   C. G. S.

P. S. J'aime à croire que le Bureau des Longitudes, de Paris, cessera enfin
de faire mention dans son *Annuaire* des douze signes du Zodiaque ; alors
l'exemple de ce corps savant sera sans doute imité par les rédacteurs de calendrier dans le reste de l'Europe.

Art. VI.

ORIGIN AND ANTIQUITY OF THE ZODIAC (1).

ORIGINE ET ANTIQUITÉ DU ZODIAQUE.

1.º Le Zodiaque expliqué, ou Recherches sur l'origine et la signification des Constellations de la Sphère grecque. Traduit du suédois de C. G. S., in-8º., pag. 151, chez Desenne, à Paris;

2.º Mémoire explicatif sur la Sphère Caucasienne, et spécialement sur le Zodiaque; par C. G. S., in-4.º, pag. 53, à Paris 1813.

3.º Encore quelques argumens contre le Zodiaque, par C. G. S., in-8.º, Paris 1813.

L'origine de la sphère céleste, et la signification de ces figures bizarres et énigmatiques, dans lesquelles les étoiles ont été groupées à quelque époque éloignée et inconnue, ont été le sujet d'une foule de recherches savantes, et de rêveries fantastiques. L'énigme reste encore suspendue au-dessus de nos têtes (1), et aucun OEdipe n'a paru doué d'assez d'intelligence pour la deviner, ni pour satisfaire notre curiosité, en nous dévoilant le mystère qui a embarrassé tant de générations.

Parmi ceux qui se sont imaginés d'avoir assez de force pour entreprendre une chose si périlleuse, nous n'avons rencontré aucun écrivain ni plus confiant, ni plus gaîment présomptueux, ni plus enflé d'une vaine espérance, que l'auteur des trois Traités dont nous venons de copier les titres. Ce serait avec le plus grand plaisir que nous lui décernerions le laurier auquel il aspire; mais la justice nous oppose ses sévères préceptes, et nous force de le livrer au même sort que tant de ses devanciers ont éprouvé. Nous de-

---

(1) *Voyez* le *British Review*, mois de février 1817, pag. 136, imprimé à Londres, chez C. Baldwin, new Bridge-Street.

(2) On croit devoir prévenir le lecteur que la traduction a été faite littéralement.

vous cependant remarquer, que, parmi le grand nombre de conjectures dont son ouvrage abonde, nous avons rencontré plusieurs réflexions ingénieuses et saines, et nous saisirons l'occasion de présenter tout-à-l'heure une partie de ces réflexions à nos lecteurs.

L'histoire de l'astronomie a été depuis long-temps en France le sujet favori de ceux qui se sont occupés de la philosophie naturelle ; et depuis que le savant Bailly a publié son célèbre ouvrage sur ce sujet, ils paraissent s'être exercés, à l'envi les uns des autres, à vanter l'antiquité de cette science, qui sans doute est très-ancienne. Les mémoires des Académies savantes de Paris font mention de plusieurs essais qu'on a fait pour reculer l'origine de l'astronomie, ainsi que celle de la chronologie des anciens, au-delà des limites de toute probabilité. Freret obtint les applaudissemens de ses collègues en soutenant ces prétentions extravagantes d'une manière spécieuse ; et Dupuis se crut très-modéré, quand il ne demanda que 13,000 ans pour l'antiquité des constellations actuelles qui indiquent la marche du soleil. Ce système fantastique, fondé principalement sur des dates fausses, et soutenu par des raisonnemens non concluans, quoique ingénieux, a trouvé peu de partisans parmi nos lents et phlegmatiques compatriotes. Nous sommes cependant informés que quelques philosophes dans le Nord (1), où le ferment gallique a donné aux cerveaux plus de legèreté et d'effervescence, l'ont trouvé infiniment de leur goût ; mais leur nombre n'a jamais été très-considérable, et leurs noms, un seul excepté, n'ont point été très-distingués.

Trois nations sont supposées surpasser les autres en antiquités historiques et en progrès scientifiques. A peine avons-nous besoin de dire que ce sont les Chinois, les Hindous et les Égyptiens. Les prétentions des deux premières ont été parfaitement discutées, et enfin jugées. La connaissance bien acquise des Chinois, nous a appris que leurs titres à des sciences profondes ne sont que jonglerie et imposture ; et quant aux Hindous, il est reconnu que leurs tables si célèbres, et que Bailly supposait renfermer un système d'observations faites à peu près 4000 ans avant l'ère chrétienne, sont comptées en arrière, et ne furent jamais censées représenter la situation véritable du ciel à aucune époque rigoureusement historique. L'antiquité de l'Égypte seule n'a pas encore pu être sondée ; et comme les descendans du trois-fois-grand Hermès, ont depuis long-temps disparu de la terre et que leur langue et leurs sciences ont péri avec eux, nous ne pouvons pas espérer de trouver des témoins vivans, ainsi qu'il est arrivé pour les deux autres, qui puissent trahir leurs secrets ; et peut-être ne serons-nous jamais assez heureux pour découvrir la clef de leurs mystères. Cependant nous vous flattons de l'espérance qu'un profond examen des matériaux que nous possédons, ne sera pas sans fruit ; et nous pouvons prédire que nos lecteurs adopteront les mêmes opinions, s'ils veulent prendre la

____

(1) En Écosse. (Note du traduct.).

peine de nous prêter leur attention pendant que nous scruterons cette matière, afin de remarquer deux ou trois faits qui mettront hors de doute
que l'origine des arts en Égypte se rapporte à une époque comparativement peu éloignée.

Nous commencerons par mettre devant leurs yeux toutes les bâses sur
lesquelles nos adversaires bâtissent leur édifice aérien. Il est bien connu
que la position du soleil aux solstices et aux équinoxes change d'un
dégré dans soixante-douze ans, et que les rapports entre les saisons et le
ciel sont sujets, par conséquent, à des altérations considérables dans le
cours d'une longue succession d'années. Dans un peu plus de 6400 ans,
les constellations dans lesquelles le soleil est à présent placé au solstice
d'été, seront occupées par l'équinoxe du printemps, le colure équinoxial
ayant successivement rétrogradé à travers d'un quart de l'écliptique. Si
donc les rapports des points du solstice et de l'équinoxe avec des astérismes
de l'écliptique pouvaient être distinctement marqués dans un zodiaque
quelconque, il serait facile de déterminer l'époque à laquelle ce zodiaque
fut établi, ou, au moins, celle que ces figures furent destinées à indiquer.
Dans les temples de la haute Égypte, contrée qui a été plus particulièrement explorée depuis l'invasion des Français dans ce pays, les constellations zodiacales ont été trouvées dessinées en plusieurs endroits ; et les signes ascendans semblent suffisament distingués des descendans pour pouvoir déterminer à peu près les places des solstices. Quelques astronomes,
par l'investigation de ces ruines, ont même hasardé de prononcer que les
arts et les sciences étoient parvenus à leur plus haut point de perfection
dans la haute Égypte, à une époque très-antérieure à la date de la création du monde, d'après la chronologie des écrits hébraïques ; et avant l'ère
du déluge, suivant la computation plus reculée de la version des Septante.
Un autre essai de la même nature a été fondé sur une interprétation con-
jecturale des emblêmes du zodiaque. Le zodiaque a été considéré, d'après
un accord unanime des antiquaires, comme une espèce de calendrier rural ;
et les figures des signes ont été supposées présenter un rapport ou direct ou
symbolique avec les opérations de l'agriculture et celles des saisons de l'année
avec lesquelles elles sembloient s'accorder au moment de leur première invention. En conséquence, il fut avancé par Dupuis, et la même opinion a été
maintenue par quelques membres vivans de l'Institut de France, que l'interprétation de ce calendrier, d'après ce principe, offre des preuves satis-
faisantes qu'il a au moins 13,000 ans d'antiquité, ou qu'il fut construit
pour la première fois quand le Capricorne présidait au solstice d'été.
Ces deux systèmes sont supposés se soutenir mutuellement et conduire
ensemble à une conclusion dont ses partisans ne sont pas modestement
flattés. Nous allons les examiner avec candeur, sans la moindre disposition
à déprécier les argumens par lesquels ils sont soutenus, et nous tâcherons
d'arriver à un résultat impartial et satisfaisant.

On doit avouer que l'Égypte présente les droits les mieux fondés à l'invention de l'astronomie, et de cette sphère céleste dont nous ayons reçu

la connoissance par les Grecs. Nous savons que les Égyptiens étaient un peuple civilisé, et qu'ils étoient même en possession d'une monarchie puissante dès le temps de Joseph ; c'est-à-dire 18 siècles avant l'ère chrétienne. Or, il n'existe aucune nation, excepté les Juifs, dont les annales authentiques remontent à une époque aussi reculée. Nous savons que les Égyptiens cultivoient l'astronomie dans la haute antiquité. La position des pyramides dont les quatre faces sont placées de manière à répondre aux quatre points cardinaux du ciel, prouvent que l'on faisoit déjà attention aux problêmes cosmiques à l'époque où ces monumens merveilleux furent érigés. Hérodote nous informe que les prêtres de ce pays s'attribuoient unanimement la première invention de l'astronomie et la plus ancienne division du zodiaque en douze parties. Les constellations elles-mêmes sont dans le style des peintures symboliques de l'Égypte. La distribution des étoiles en des figures d'hommes et d'animaux nous rappellent les sculptures qui ornent les temples et les obélisques de la Thébaïde ; et si jamais nous réussissons à déchiffrer ces hiéroglyphes, nous pouvons espérer de lire et d'interpréter les vérités ou les fictions qui sont représentées sur la Sphère. La vénération qui fut accordée aux animaux vivans par les Égyptiens, était, selon Lucien et d'autres auteurs, en rapport avec le culte qui fut donné à ceux qui étoient peints sur le ciel étoilé. Ces considérations et encore d'autres offrent une forte présomption que l'Égypte fut en effet le berceau de l'astronomie, et le pays où les étoiles furent originairement groupées en constellations.

Cependant les Égyptiens n'eurent pas le bonheur de jouir de leur renommée sans envie et sans opposition. Quelques auteurs ont reclamé cet honneur en faveur des Grecs, et ont même été si loin qu'ils ont nommé l'auteur de cette invention célèbre. C'est un personnage non moins renommé que le centaure Chiron, qui est supposé avoir composé une sphère à l'usage des voyageurs Argonautes, qui firent voile vers la Colchide pour y chercher la toison d'or. Un centaure est un être si singulier que nous ne savons pas comment parler de ses prétentions. Nous sommes sérieusement étonnés qu'elles aient pu être soutenues de bonne foi, et encore plus, que Newton les ait accueillies. Il nous est impossible de comprendre, comment un monstre tel que Chiron pût jamais venir à bout de manier des instrumens astronomiques avec assez d'exactitude pour tracer des colures, et mesurer des degrés de déclinaison. Nous croyons ne pas encourir le reproche d'un scepticisme outré, en plaçant les découvertes astronomiques de cet instituteur quadrupède du fils de Pelée, dans la même catégorie que les cures étonnantes qu'il faisoit dans le métier d'oculiste. Nous supposons que, si les Grecs eussent eu des prétentions fondées à l'honneur d'être les inventeurs de cette science, leurs compatriotes qui ne furent jamais reconnus pour avoir trop de modestie, n'auroient pas manqué de s'en prévaloir. Hérodote devait savoir s'il y avoit quelque chose de vrai dans cette croyance, que l'astronomie était née en Grèce, cependant il n'en parle en aucune occasion ; au contraire il mentionne sans réserve les droits des prêtres Égyptiens et ne fait point difficulté d'affirmer que les Grecs n'étoient que des enfans dans toutes les parties des connaissances humaines.

L'auteur des brochures dont nous nous occupons en ce moment, ne veut entendre parler ni des prétentions des Égyptiens, ni de celles de leurs disciples; mais il reclame des droits en faveur d'un peuple, dont la renommée, comme nation savante et scientifique, n'avoit point jusqu'ici frappé nos oreilles. Nous devons avouer que nous croyons sa conjecture aussi malheureuse qu'il soit possible d'en imaginer une. Elle n'a pas même le mérite d'un paradoxe frappant et absurde, comme celui de Bailly qui plaçait ses anciens astronomes et son jardin des Hespérides, sur le Spitzberg, ou dans la Nouvelle Zemble. Les habitans du mont Caucase et des rivages de la mer Caspienne sont ceux auxquels notre auteur assigne ce prix si long-temps contesté. Mais, sans aucun doute, si jamais une nation civilisée et commerciale eut séjourné dans ces régions, nous en aurions entendu parler il y a long-temps et avant le moment présent. Mais dans les descriptions des anciens géographes de ce pays, nous ne rencontrons des renseignemens sur aucun autre peuple, que sur les hordes sauvages des Scythes, remarquables par les coûtumes les plus barbares, et desquelles les Tâtares, les Turcs et les Kalmoucks descendent en ligne droite. Peut-il être imaginé par le plus crédule des hommes que les Égyptiens et les Grecs prirent le plus beau de leurs arts et la plus noble de leurs sciences des *cannibales du Caucase, ou bien des ancêtres des Turcs-Ottomans encore plus stupides et plus féroces que leur postérité?* Un seul fait a plus de poids que toutes les autres considérations contre l'hypothèse que la sphère ait été inventée, soit par des astronomes grecs ou scythes, soit par les habitans d'aucun pays sous les mêmes latitudes. Plusieurs constellations qui ont été supposées avoir des rapports avec ces pays et avec des anciennes fictions qui semblent indiquer le Caucase, comme le navire Argo et le Centaure, dont la fable a trait à l'expédition des Argonautes, sont ou totalement, ou en partie invisibles sous la latitude de la Grèce, de la mer Caspienne et de la mer Noire. L'étoile principale du navire Argo, appelée Canope, ne peut-être vue dans aucun des endroits où il a été auparavant présumé que cette constellation a pris naissance, et ce qui plus est, on ne la peut observer dans aucun des pays qu'a parcouru cette expédition célèbre. Delà, nous pouvons hasarder de conclure que ces constellations sont d'une origine plus méridionale, et que probablement elles ont changé les noms et les allusions qu'on leur prête, à l'époque où elles furent adoptées par les Grecs.

Une objection beaucoup plus plausible aux prétentions des Égyptiens, a été mise en avant par l'abbé Pluche, dans son *Histoire du Ciel*, et les remarques de cet écrivain sont importantes, en cela qu'elles paraissent avoir donné la première impulsion à ces discussions qui se sont depuis élevées sur l'antiquité de la Sphère. Pluche affirme que le zodiaque n'a pas pu avoir été inventé en Égypte, par la raison que les signes ne correspondent point à la succession des saisons dans ce pays; mais qu'au contraire, ils sont faciles à expliquer si on les rapporte aux régions tempérées de l'Asie et de l'Europe. C'est ainsi, dit-il, que la Vierge tenant dans sa

main une poignée d'épis de blé , fait allusion aux moissons qui , en Perse
et en Grèce , ont lieu en août et en septembre , tandis que l'on ne coupe le
blé en Égypte qu'en mars et en avril. Le Verseau caractérise les pluies
d'automne , tandis qu'il ne pleut que très-rarement en Égypte. Le Bélier,
le Taureau , les Gémeaux font allusion aux époques où les brebis , les va-
ches et les chèvres mettent bas leurs petits. Il est bien connu que les Gémeaux , dans la sphère des Perses , sont représentés par deux chevreaux , et
l'on sait assez que la portée des chèvres est généralement de deux. Le Sagittaire est représenté comme un symbole de la saison des chasses , et cette
allusion semble être parlante et naturelle.

En opposition à ces remarques, les défenseurs de l'antiquité égyptienne
prétendent que le défaut d'accord entre le zodiaque et le calendrier des travaux ruraux sur les bords du Nil , provient d'une erreur de chronologie,
en supposant une date trop récente pour la comparaison qui doit être faite
entre les positions des constellations , leurs symboles et les saisons de
l'année. Ces auteurs soutiennent que si nous rétrogradons vers le temps où
le solstice d'été étoit dans le signe du Capricorne , nous trouverons que les
signes s'accorderont exactement avec les saisons ; et ils font preuve de quelque finesse d'esprit en démontrant que leur explication des signes confirme
cette hypothèse. Nous offrirons à nos lecteurs l'occasion de juger par eux-
mêmes de la probabilité de cette conjecture , en détaillant les allusions que
les douze signes du zodiaque sont censés renfermer.

Les trois premiers signes , en commençant par le Capricorne , contien-
nent des symboles qui se rapportent à l'eau. Le Capricorne a la queue d'un
poisson dans les anciens zodiaques , ainsi que dans les anciens planisphères
de la haute Égypte , et le même signe est représenté sur la sphère Indienne
par la figure d'un monstre marin. Manitius appelle le Capricorne des
astronomes européens *ambiguum sidus terræque marisque*. Le Verseau
et les Poissons ont une signification moins équivoque. Si jamais ces trois
signes ont présidé aux trois mois qui font suite au solstice d'été , les emblêmes pourront être supposés avec beaucoup de probabilité applicables à
l'état de l'Egypte dans cette saison , en se rapportant premièrement à l'accroissement graduel du Nil qui commence exactement à cette époque où
les eaux et la terre semblent se disputer l'empire , en caractérisant en second lieu l'inondation complète qui se répand comme un fleuve sur tout le
le pays ; et troisièmement , en indiquant la situation d'une submersion par-
faite du pays , alors changé en mer ; tandis que le même symbole pourra offrir
une seconde allusion à l'existence indolente et passive des habitans pendant
cette époque. La saison où , après la retraite des eaux , les bestiaux recou-
vrent la liberté de retourner à leurs pâturages , est figurée par le symbole
du Bélier , le conducteur du troupeau. Dans le cinquième mois après le
solstice , les Égyptiens , d'après ce que Diodore de Sicile , et Pline nous enseignent , avoient la coutume de commencer les travaux de l'agriculture.
Leurs bœufs étoient alors attachés à la charrue. Le Taureau semble être
l'emblême le plus naturel de cette époque des travaux ruraux ; et il nous

est dit expressément par Horus-Apollon que la corne d'un taureau.étoit l'embléme qui exprimoit l'agriculture dans l'écriture hiéroglyphique. Le sol prolifique de l'Égypte laissant bientôt paroître ses productions sous l'influence bénigne d'un soleil africain, le tableau de deux chevreaux ou de deux jeunes enfans, répondant au signe des Gémeaux, nous conduit, au moyen d'une allusion assez juste à la saison où toute la nature commence à renaître. Après que le soleil est arrivé au point le plus éloigné de sa course; c'est-à-dire au solstice d'hiver, il revient sur ses pas. Or ce mouvement rétrograde, suivant la conjecture spécieuse des astronomes, est symbolisé par une écrevisse. Dans le mois suivant, les blés commencent à mûrir et à se dorer, toutes les productions organisées de la terre semblent acquérir leur plus grande force. Le lion à crinière dorée, l'animal le plus fort de la création animée, pourra peut-être paroître un symbole de ce mois. La Vierge tenant dans sa main un épi de blé, porte avec soi une allusion bien claire aux moissons. La Balance, comme un emblème d'égalité, désigne l'équinoxe. Les vents pestilentiels qui règnent dans les mois suivans sont indiqués par le venimeux Scorpion; et finalement, la flèche du Sagittaire pourra signifier les vents étésiens, qui précèdent le retour de l'inondation, ou bien caractérisera l'époque où les peuples de l'Égypte se disposoient à entreprendre quelques expéditions militaires.

Nous convenons volontiers que cette comparaison s'appuie sur des ressemblances spécieuses. Si jamais le zodiaque a servi à un calendrier rural pour l'Égypte, le berceau de l'astronomie, nous ne pouvons jamais raisonnablement trouver une méthode plus exacte de faire correspondre les signes aux saisons. Mais afin de faire accorder les parties du zodiaque, dans ce rapport avec les divisions de l'année, nous sommes forcés de rétrograder de 130 siècles avant notre ère; et de conférer aux sciences en Égypte une antiquité qui n'est ni d'accord avec l'Écriture-Sainte, ni avec les indications générales de l'Histoire Profane. C'est peut-être à ces considérations qu'il faut attribuer le motif secret de l'assentiment et la défense zélée que ce système a trouvé chez quelques membres de l'Institut de France, qui ne sont ni trop ennemis des nouveautés; ni trop éloignés de toute insinuation tendant à élever des difficultés en opposition avec les opinions reçues. Quoiqu'il en soit, nous espérons que nos lecteurs ne regarderont pas comme un temps perdu les momens qu'ils consacreront à l'examen d'un petit nombre de remarques destinées à prouver la futilité de pareilles conclusions.

La première remarque qui se présente est mise dans un grand jour par notre auteur. La précision des équinoxes, qui opère un changement continuel dans le rapport des saisons aux signes, doit nécessairement, dans un certain espace de temps, détruire toute application d'une série d'emblèmes associée aux astérismes. Le zodiaque regardé comme un calendrier rural destiné à diriger un peuple dans ses opérations d'agriculture, auroit eu besoin d'être corrigé de temps en temps. « Assurément, dit notre auteur, » si le peuple égyptien avoit pu continuer à se servir pendant 13,000 ans » d'un calendrier qui tous les siècles se dénaturoit matériellement, sans y

» faire de réformes , ou sans rétablir ses correspondances ; au lieu d'être
» regardé comme le plus instruit de l'antiquité , devroit au contraire être
» compté pour le plus stupide qui ait jamais existé. » Aussi long-temps
que les séries des figures zodiacales eurent une signification , et furent re-
gardées comme un calendrier national , il faut supposer que le peuple dont
elles régloient les travaux , devoit avoir soin que l'accord en fut maintenu
avec l'ordre de la nature. Nous sommes instruits par les astronomes grecs ,
qu'à l'époque où les philosophes de leur nation furent initiés dans les
sciences de l'Égypte , le signe de la Balance , emblème de l'égalité , désignoit l'équinoxe d'automne ; cette figure étant combinée avec la constellation , parce que l'équinoxe arrivoit quand le soleil étoit entré dans cette
portion de l'écliptique. Mais selon l'hypothèse dont nous venons de parler,
la Balance désignoit originairement l'équinoxe du printemps ; et nous sommes invités à croire que ce signe, dans l'origine, avoit un sens précis ; qu'il
avoit été maintenu dans le zodiaque au-delà de 10,000 ans après avoir
perdu sa signification, à cause de la précession des équinoxes : et qu'après un
si long intervalle, il lui arrivoit par pur hasard, de retrouver sa première
signification , exactement au moment où les Grecs commencèrent à étudier
l'astronomie. Une hypothèse qui a besoin de la concession bénévole de tant
de conditions improbables , mérite à peine d'être réfutée.

Une autre objection que plusieurs de nos lecteurs seroient prêts à faire
contre cette étrange, quoiqu'ingénieuse théorie, consiste en ceci, que les
astronomes Égyptiens n'auroient pas dû manquer d'acquérir la connoissance
de la précession des équinoxes, si la division de l'écliptique eut été adoptée
par eux depuis une période aussi reculée qu'on le suppose : cependant les
anciens attribuent unanimement la découverte de ce phénomène à Hipparque. Il faut avouer que cette remarque serait très-importante , s'il n'était
pas contesté et presque hors de doute, au moyen de l'examen de certains
Zodiaques de la Thébaïde , dont nous ferons la description tout-à-l'heure ,
que le changement dans la position des colures n'étoit pas inconnu aux
astronomes nés en Égypte, quoique les Grecs n'en eussent acquis aucune connaissance avant l'époque où il fut communiqué à Hipparque qui , selon
l'habitude de ses compatriotes , s'arrogea l'honneur de la découverte.

De plus, les symboles eux-mêmes ont subi tant d'altérations dans différens pays et à différentes époques, que nous ne pouvons pas assurer que le
zodiaque Égyptien contenoit exactement la série d'emblèmes qui a servi de
base au raisonnement précédent : il est certain que, même dans les zodiaques
trouvés dans les temples de la Haute-Égypte, et reconnus pour avoir été
très-récemment établis en comparaison de la date ancienne attribuée au
système astronomique , nous découvrons déjà un défaut de concordance.
La Vierge tient dans sa main une branche de palmier au lieu d'un épi de
blé, et par conséquent le symbole supposé de la saison des moisssons est
entièrement en défaut. On trouvera des discordances du même genre, si
l'on en fait un examen attentif.

Ces considérations suffiroient pour nous empêcher de prendre aucune confiance dans le système des coïncidences dont nous venons de tracer un esquisse, comme renfermant une interprétation authentique des symboles du zodiaque ; il semble, au contraire, que nous devons y trouver des raisons pour le rejeter tout-à-fait, en considérant qu'il est accompagné d'une prétention tellement exorbitante qu'est la supposition de 13,000 ans d'antiquité pour l'astronomie égyptienne. Mais si quelqu'un de nos lecteurs se sentoit disposé à adopter ce système, nous sommes en état de lui fournir une méthode que Dupuis lui-même a proposée et qui le fait accorder avec une chronologie plus probable. Nous venons de supposer que l'ordre des saisons étoit représenté par une série de figures, et que chacune de ces figures étoit un emblême de la saison qui régnoit pendant que le soleil occupoit en réalité la constellation qui correspondoit avec la figure. Cependant il paroît probable que les plus anciens astronomes régloient leur calendrier, non pas d'après les constellations dans lesquelles le soleil étoit placé, et qui par cette raison leur restoient cachées, mais d'après la succession suivant laquelle les constellations se découvroient achroniquement ; c'est-à-dire, se représentoient dans le ciel à l'orient, au moment où le soleil se couchoit à l'occident. En effet, Aratus et Macrobe nous assurent que c'étoit là la plus ancienne manière adoptée par les philosophes observateurs de la nature. Ainsi les emblêmes des saisons auroient été originairement configurées dans les astérismes qui se trouvoient exactement à l'opposé du soleil. Si le Taureau étoit, comme cela est supposé, une espèce d'hiéroglyphe, qui représentoit l'époque du commencement des travaux agricoles, il est probable que ce symbole fut dans l'origine attaché au groupe d'étoiles qui est encore aujourd'hui distingué par ce dessin, précisément au moment où ce groupe formoit la plus brillante partie des constellations du soir. La place du soleil étoit en même temps dans la partie opposée de l'écliptique. Si ce principe, fondé sur des témoignages les plus authentiques, est adopté, nous sommes prêts à accéder à toutes les interprétations des signes du zodiaque, dont nous avons donné une esquisse dans une des pages précédentes.

Le Capricorne, le Verseau et les Poissons pourront représenter les trois mois d'inondation du Nil. Encore aujourd'hui la constellation du Capricorne se lève achroniquement aux environs du solstice d'été, dans la saison où le Nil sort de son lit, et quand la place du soleil est dans l'Écrevisse. Or, il ne peut être déduit aucun argument de cette marche astronomique pour prouver que le zodiaque est plus ancien que la guerre de Troie.

Une autre preuve que l'astronomie de l'Egypte n'est pas si ancienne qu'on l'a prétendu, peut être tirée de la computation de la grande année ou période sothique. C'est sur ce cycle que Fréret fondoit ses calculs pour soutenir les prétentions absurdes de la chronologie Égyptienne. Cependant il est certain que la période sothique commençoit au solstice, et qu'elle prit son nom et son origine du lever héliaque du Sirius, appelé Sothis. Mais c'est cette liaison même entre le lever héliaque de Sirius et le solstice d'été, qui démontre que cette période célèbre sur laquelle repose la chronologie égyptienne, et avec laquelle la prétendue succession de trente dynasties étoit intimement liée, est à peine plus ancienne que l'histoire authentique des autres nations, et se renferme entièrement dans les limites chronologiques de l'Écriture-Sainte.

Nous allons à présent offrir quelques remarques sur les zodiaques qui ont été copiés dans les temples de la Thébaïde, et nous espérons de faire voir que leur antiquité a été beaucoup exagérée, et que les prétentions de ceux qui soutiennent le contraire sont aussi fausses que les essais qui ont été faits pour convertir les signes en une table d'emblêmes ruràux, ou en un calendrier hiéroglyphique. Les zodiaques dont nous voulons parler sont ceux du temple de Tentyra et de Latopolis, qui ont été mentionnés par Denon, et parfaitement décrits par Hamilton. Le dernier de ces monumens semble être plus ancien que le premier ; et il y a plusieurs circonstances qui semblent prouver que le zodiaque de Tentyra fut sculpté sous le règne de l'empereur Tibère. Or, la méthode suivie dans l'arraugement des signes du zodiaque est digne d'attention, par la raison qu'elle peut jeter quelque lumière sur la date du zodiaque plus ancien, celui de Latopolis. Premièrement les deux séries des signes descendans et ascendans semblent clairement distinguées l'une de l'autre et par conséquént la place du soleil au solstice paroît déterminée ; secondement le Scarabée, symbole correspondant au Cancer, qui est le dernier des signes ascendans, est indiqué deux fois : savoir, à la fin de la série des signes ascendans, et au commencement des signes descendans. Par cet expédient on paroît avoir eu en vue de marquer plus précisément la place du colure des solstices qui passoit à travers du Cancer à l'époque où le zodiaque fut construit. Les figures du Scarabée varient : celle placée au commencement des signes descendans est beaucoup plus petite que la dernière placée parmi les signes ascendans, indiquant, d'après le voyageur ingénieux dont nous tenons ces observations, que le solstice étoit déjà plus près du commencement que de la fin de ce signe.

Une semblable méthode d'arrangement a été adoptée à Latopolis, ou Esneh. Le Lion est là placé comme le dernier des signes ascendans ; et au commencement des signes descendans se trouve la figure d'un sphinx. La véritable signification de cet emblême est inconnue ; mais il paroît bien que c'est une modification de la figure du lion ; et il semble qu'elle a été sculptée dans cet endroit par la même raison que le scarabée de Tentyra, savoir, à l'effet d'indiquer que le solstice arrivoit pendant que le soleil étoit encore dans le signe du Lion. Si tel est le principe de la construction de ce zodiaque, et on diroit qu'il est impossible d'en assiguer une cause plus probable, il n'existe aucune preuve, ou même aucune raison de soupçonner qu'il soit d'une date plus haute que 4,000 ans. Alors l'antiquité qu'on lui a assignée s'évanouit, et son origine peut être fixée en dedans des limites de la chronologie de l'Ecriture-Sainte ; en accordant même (ce qui n'est pas encore bien prouvé) que ce zodiaque ait été construit dans la vue de coïncider avec le véritable état du ciel ; ce qui est au-delà de ce que nous pouvons affirmer. Nous savons que les astronomes d'Asie avoient coutume de calculer en arrière les positions des corps célestes pour des époques très-reculées. Nous sommes aussi informés que les Égyptiens aimoient à combiner les grandes époques de la succession de leurs dynasties avec le commencement de certaines périodes astronomiques. Il n'est pas dénué de probabilité de penser que ce monument n'ait pu être établi dans un pareil dessein, et n'ait été formé pour représenter une position supposée des corps célestes, au commencement de quelque cycle imaginaire, ou de quelque période historique.

Il est naturel de s'attendre à trouver quelques éclaircissemens sur ces objets obscurs, dans les ouvrages des astronomes grecs, qui firent leurs études en Egypte, avant la destruction totale du savoir et de la philosophie dans ce pays. Si le zodiaque renferme une série d'hiéroglyphes égyptiens, il est probable que les astronomes grecs auroient eu connoissance du sens de quelques-unes d'entre elles, et pourroient nous mettre en état de fixer les places des solstices et des équinoxes. En effet, telle semble avoir été l'intention de Macrobe, qui essaie d'expliquer deux symboles, d'une manière qui les lie aux solstices. *L'écrevisse, dit-il, est un animal qui se meut de côté ou en arrière.* De même le soleil, étant arrivé dans ce signe, commence un cours rétrograde et descend obliquement. Quant à la chèvre, sa manière, en cherchant à brouter de l'herbe, est toujours de monter, et de grimper sur les hauteurs : c'est ainsi que le soleil, après avoir atteint le capricorne, commence à quitter la région inférieure de sa course et à retourner vers une plus élevée.

Si nous pouvions être sûrs que ces signes indiquoient le sens qui y est attaché dans le fameux passage que nous venons de citer, cela détermineroit tout de suite la place des points solstitiaux, et nous obtiendrions quelque information certaine sur la date du zodiaque ; mais l'interprétation donnée à ces symboles est très-malheureuse dans son application à l'astronomie égyptienne, puisque l'Ecrevisse manque entièrement dans les anciens temples de Tentyra et de Latopolis, et que sa place est occupée par le Scarabée, vulgairement appelé escarbot ; figure qui se rencontre fréquemment parmi les hiéroglyphes. Quant au capricorne, il ressemble à une chèvre uniquement dans la partie de devant de son corps, et sa queue de poisson semble prouver qu'il représentoit quelque animal aquatique, et que par conséquent il n'a pu avoir le sens que lui attribue Macrobe.

D'après tout ce qui a été dit, la Balance est le seul symbole dont la signification puisse être certaine. Elle paroît clairement indiquer l'égalité des jours et des nuits, qui est le caractère d'un équinoxe. Manilius l'appelle *sequantem tempora libram.* Varron, le plus savant des antiquaires romains, dit qu'elle signifioit un équinoxe ; et la même idée est suggérée encore plus fortement par Virgile :

« *Libra die somnique pares ubi fecerit horas,*
» *Et medium luci atque umbris jam dividet orbem.* »

On a élevé des doutes sur l'antiquité de la Balance, qui est bien connue pour avoir été introduite dans le calendrier romain par Jules-César. Elle fut connue cependant, à une époque plus ancienne, par les astronomes de la Grèce et d'Égypte, quoiqu'elle fût parfois appelée par les premiers *Chelæ*, par la raison que la figure d'une balance fut représentée comme suspendue aux serres du Scorpion qui s'étendoient dans le compartiment du signe voisin. Cicéron, en traduisant le poëme d'Aratus, qui lui-même avoit copié Eudoxe, se sert du mot *Jugum*, qui répond au mot grec ζυγος. Ce terme est aussi adopté par Hipparque, qui vivoit plus d'un siècle avant Auguste-César, et par Achille Tatius, qui dit que ce signe étoit représenté par une balance chez les Égyptiens. S'il avoit pu rester quelques doutes à ce sujet, ils ont été parfaitement éclaircis par la découverte de la Balance dans les zodiaques de la Thébaïde. Il est par conséquent démontré que la Balance étoit un signe de l'ancien zodiaque ; et le sens attribué à cet emblême est si naturel et si évident, que nous pouvons considérer ce seul point comme bien établi parmi la confusion et l'incertitude qui entourent presque tous les autres problêmes concernant l'histoire de la première époque de l'astronomie. Le signe de la Balance fut, sans aucun doute, inventé dans la vue de désigner l'équinoxe d'automne ; et on doit conclure delà que le zodiaque ne remonte pas au-delà de l'époque, où le colure des équinoxes commençoit d'entrer dans cette constellation. Cette conclusion rapproche l'origine de la science vers des limites raisonnables.

Il existe plusieurs faits, comme nous avons déjà observé, qui indiquent que le colure du solstice passoit par la constellation du Lion à une époque très-voisine de l'invention de l'astronomie ; mais, d'après la méthode actuelle d'arranger le zodiaque, il est impossible que le colure des équinoxes passât à travers de la Balance en même temps que celui des solstices traversoit le Lion. Cette difficulté s'évanouit quand nous réfléchissons, qu'à l'époque où le cours du soleil fut pour la première fois marqué parmi les étoiles, le zodiaque n'étoit pas divisé comme il l'est à présent, en douze portions égales, avec des limites purement fictives. Les départemens correspondoient probablement dans l'origine avec les places occupées par les douze grandes constellations de l'écliptique, desquelles ils recevoient leurs dénominations particulières, et qui étoient par conséquent de différentes grandeurs. Il est impossible de nier que la distribution des étoiles en certains groupes, combinés avec diverses figures, ne soit pas plus ancienne que l'astronomie scientifique. Les constellations auprès du cours du soleil furent formées et distinguées par des noms long-temps avant que les colures fussent marqués sur la sphère, et avant qu'aucune division eût été faite de l'écliptique en douze parties égales. Cette proposition est clairement démontrée dans le Traité qui est l'objet de cet article. L'auteur observe que les constellations zodiacales sont en plusieurs occasions liées aux extra-zodiacales. Les astérismes qui ont donné les noms aux douze départemens ne sont pas exactement placés dans l'écliptique. Il y en a qui sont situés au nord et au midi de cette ligne. Il est probable que toutes les constellations, tant zodiacales qu'extra-zodiacales, ne formant ensemble qu'un système de représentation symbolique, la division duodénaire a dû être postérieure à la configuration des constellations et combinée avec elles. Delà, il sembleroit constant que les départemens du Zodiaque étoient dans l'origine inégaux; et en effet, ce point est décidé par la déclaration d'Hipparque, auquel nous sommes redevables des observations les plus justes sur ce sujet. Il dit : *Apparet ergò, non solùm quòd duodecim imagines inæqualibus temporibus ascendunt, sed etiam quod aliis aliæ majus spatium occupant, et sine ordine collocatæ sunt.* Le cercle de l'écliptique étant ainsi inégalement divisé dans les plus anciens zodiaques, suivant les espaces occupés par les douze constellations, il n'est plus difficile de comprendre comment le solstice arrivoit pendant que le soleil étoit dans le Lion, et comment dans la même année l'équinoxe avoit lieu dans la Balance, avant que le soleil l'eût entièrement dépassée.

Le Lion est une constellation très-étendue, et le solstice ne le quitteroit point à peine dans 3000 ans. La Balance n'occupe cependant qu'une place beaucoup plus petite; et comme nous supposons l'équinoxe dans la Balance à l'époque de l'origine du zodiaque, la position du colure des solstices est fixé de manière à s'accorder avec une antiquité vraisemblable. En effet, ce solstice ne peut pas être plus reculé que l'étoile appelée le Cœur-du-Lion. Il est très-probable que ce fut cette étoile à travers de laquelle le colure fut dirigé; et c'étoit peut-être de cette circonstance qu'elle recevoit des astronomes chaldéens l'épithète de chef, ou de conducteur de l'armée céleste. Si ce qui vient d'être établi est admis, nous pouvons considérer comme prouvé par une évidence naturelle, que l'invention du zodiaque solaire eut lieu 2300 ans avant l'ère chrétienne.

Nous pourrions ajouter encore d'autres considérations qui fortifieroient notre hypothèse, si nous ne craignions de fatiguer la patience de nos lecteurs. Après tout ce qui a été dit, nous sommes prêts à reconnaître que tel raisonnement que l'on pourra faire sur ce sujet, ne peut être qu'incertain et obscur; mais nous soutenons que le témoignage général des faits, autant qu'ils peuvent servir, est en faveur d'une date comparativement assez récente, et que les assertions intrépides de ceux qui ont attaqué la chronologie des Ecritures en se fondant sur des monumens supposés d'une antiquité sans bornes, sont indignes de toute discussion sérieuse.

Notre auteur, qui, dans plusieurs occasions, a combattu avec succés les opinions des autres, est moins heureux qu'aucun d'eux, quand il veut mettre en avant ses propres conjectures sur la signification des constellations. Il s'imagine que le système des figures de la sphère ancienne se rapporte à la géographie du Caucase, et des bords de la mer Caspienne. La ville de Bakou, située sur le rivage de ce lac, étoit, suivant lui, proprement symbolisée par l'Écrevisse céleste , étant cachée entre des rochers sur la côte : Derbent , ville fameuse et commerçante , étoit figurée par la Balance, emblème du commerce; et l'Hydre, dans son voisinage, indiquoit certaines veines de pétrole, ou huile de rochers, dans la même région. Mais il faut renvoyer ceux de nos lecteurs, qui s'intéressent particulièrement à ce sujet, à l'ouvrage qui a fait naître ces observations, et nous contenter de finir notre article par cette réflexion générale, que l'histoire de l'astronomie est un sujet qui demande, pour être bien traité, plus de faits que de théories.

FIN.